BEI GRIN MACHT SICH IHR WISSEN BEZAHLT

- Wir veröffentlichen Ihre Hausarbeit, Bachelor- und Masterarbeit

- Ihr eigenes eBook und Buch - weltweit in allen wichtigen Shops

- Verdienen Sie an jedem Verkauf

Jetzt bei www.GRIN.com hochladen und kostenlos publizieren

Susanne Faaß

Die Theorie der Landnutzung nach Heinrich von Thünen

GRIN Verlag

Bibliografische Information der Deutschen Nationalbibliothek:

Die Deutsche Bibliothek verzeichnet diese Publikation in der Deutschen National-bibliografie; detaillierte bibliografische Daten sind im Internet über http://dnb.d-nb.de/ abrufbar.

Impressum:

Copyright © 2010 GRIN Verlag GmbH
Druck und Bindung: Books on Demand GmbH, Norderstedt Germany
ISBN: 978-3-656-83897-5

Dieses Buch bei GRIN:

http://www.grin.com/de/e-book/282906/die-theorie-der-landnutzung-nach-heinrich-von-thuenen

GRIN - Your knowledge has value

Der GRIN Verlag publiziert seit 1998 wissenschaftliche Arbeiten von Studenten, Hochschullehrern und anderen Akademikern als eBook und gedrucktes Buch. Die Verlagswebsite www.grin.com ist die ideale Plattform zur Veröffentlichung von Hausarbeiten, Abschlussarbeiten, wissenschaftlichen Aufsätzen, Dissertationen und Fachbüchern.

Besuchen Sie uns im Internet:

http://www.grin.com/

http://www.facebook.com/grincom

http://www.twitter.com/grin_com

Universität Augsburg

Fakultät für Angewandte Informatik

Institut für Geographie

Theorie der Landnutzung (Heinrich von Thünen)

Faaß, Susanne

Inhaltsverzeichnis

Abbildungsverzeichnis

1 Theorie der Landnutzung – eine kurze Einleitung

Johann Heinrich von Thünen ist noch heute weltbekannt für seine Forschungsergebnisse. Seine Theorien, allen voran die Theorie der Landnutzung, erlangten Weltruhm. Es gab viele Große Namen in der Geographie, den Wirtschaftswissenschaften und den Sozialwissenschaften, doch von Thünen sticht aufgrund der Betrachtung des Ganzen heraus. Auch ist er einer der wenigen, die bereits zu seiner Zeit Zusammenhänge in der Größe und Wichtigkeit versuchte zu analysieren und zu erklären. Kaum ein Mann vor und nach ihm lieferte solch aussagekräftige Ergebnisse wie von Thünen es tat, Aussagen, die noch für unsere heutige Zeit eine Rolle spielen. (Voppel G. 1999, S. 46f)

Seine „Erbsenzählerei" wurde erst belächelt, später hat es sich für ihn jedoch mehr als ausgezahlt. Von Thünens bekannteste Theorie, die Theorie der Landnutzung, verdient eine nähere Betrachtung. Sie beschreibt im Allgemeinen, dass die Lagerente, also „die Bodenrente abzüglich der Transportkosten zum Konsumenten" (Leser H. 2010, S. 473), mit der Entfernung zum Markt abnimmt. (Fasse M. 1999)

2 Zur Person Johann Heinrich von Thünen

Johann Heinrich von Thünen wurde am 24 Juni 1783 in Oldenburg geboren und starb im Alter von 67 Jahren am 22 September 1850 in Mecklenburg. Bevor er erfolgreich sein Studium in Göttingen abschloss, absolvierte er eine Ausbildung. Nach seiner Heirat mit einer Gutsbesitzertochter, die bereits ein Gut in die Ehe mit einbrachte, kaufte er das Gut Tellow. 1826 veröffentlichte von Thünen die Erstausgabe des Werks „Der isolierte Staat in Beziehung aus Landwirtschaft und Nationalökonomie", bevor er 24 Jahre später, im Jahr 1850, den zweiten Teil des Werkes veröffentlicht. (Gebhardt H. et al 2008, S.470)

Von Thünen gilt heute als Begründer der Raumwirtschaftslehre und der Ökonometrie. Er entwickelte die Partial- und die Marginalanalyse und gebrauchte diese selbst. Die Theorie der Landnutzung ist die erste Standorttheorie überhaupt. Er war Landwirt, Betriebsleiter, Sozialwissenschaftler, Wirtschaftswissenschaftler, Politiker und Geograph zu gleich. Johann Heinrich von Thünen ist aber nicht nur für seine Theorie der Landnutzung bekannt, sondern für viele andere sehr bedeutende Theorien, unter anderem zählen noch die Grenzproduktivitätstheorie und die Lohntheorie zu seinen Entwicklungen. Er gilt als einer der wenigen, die das Ganze betrachteten, einer, der selbst noch aus den Großen unseres Fachs heraussticht. (Brake K. 1986, S.10)

Die Ziele von von Thünen waren, die Methoden des wirtschaftens zu verbessern, eine gerechtere Einkommensverteilung zu bewirken und volkswirtschaftliche Ressourcen besser nutzen zu können. Von Thünen hatte eine tiefe Seele, er hatte edle Ansichten und hatte einen festen aufrechten Charatker mit konkreten Wert- und Pflichtvorstellungen. Sein soziales Verhalten konnte man an vielen Beispielen erkennen:

So wurde schon im ersten Jahr nach Gutsübernahme das gesamte Dorf zum Erntedankfest versorgt. Auch Kranke erhielten stets Essen von dem Gut. Von Thünen begann im Jahre 1815 eine Winterschule zu leiten, in der er seine Schüler und Lehrlinge als Lehrer in Fächern wie Landwirtschaft, Mathematik und Nationalökonomie unterrichtete. 1821 lässt er vier seiner Mitarbeiter in sein vorzeitiges Testament mit aufnehmen. Er galt als der Betriebsleiter, der die höchsten Löhne gewährt. Von Thünen forderte 1846 wegen Zoll- und Steuerproblemen eine Steuererleichterung des breiten Volkes, wohingegen die obere Schicht nicht mit einbezogen werden sollte. (Mohr H.-J. 1999, S.165f)

3 Die Theorie der Landnutzung

Die Theorie der Landnutzung besagt kurzgefasst, das „die Landnutzung im Modell von der Lagerente bestimmt wird, die sich aus dem Marktpreis der produzierten Gütermenge abzüglich der Transport- und Produktionskosten ergibt. Mit zunehmender Entfernung zum zentralen Markort nimmt die Lagerente ab, sodass sich ringförmige Landnutzungszonen ergeben". (Leser H. 2010, S. 950f)

3.1 Annahmen Thünens

Von Thünen sammelte alle seine Daten, die er zur Fertigstellung seiner Theorien benötigte, auf seinem Gut Tellow. Er wollte allgemeingültige ökonomische Gesetze herausarbeiten und diese verbreiten. Nachdem er das Gut 1809 erworben hatte, notierte er 10 Jahre lang alle Ausgaben und Kosten die für die Herstellung und Lieferung von Materialen wie Holz anfielen akribisch. Allerdings nahm er von Beginn an, dass:

- alle genutzten Flächen homogen sind (d.h. alle Flächen sind gleich wertvoll und gleich fruchtbar),
- ein von der übrigen Welt abgeschlossener Staat existiert,
- eine einzige große Stadt dominierend ist, diese auch gleichzeitig den einzigen Markt für die Landwirte der Umgebung darstellt und
- die Landwirte maximalen Gewinn anstreben. (Voppel G. 1999, S.47)

Die Agrarbetriebe standen im Austausch mit einer Stadt. Sie lieferten der Stadt alle agraren Produkte, als Bezahlung erhielten sie im Gegenzug von der Stadt alle nichtagraren Produkte. (Ritter W. 1998, S.43f)

3.2 Berechnung der Lagerente

Von Thünen schrieb in der Silvesternacht 1820: „Der heutige Tag wird in meinem Leben einen bedeutenden und angenehmen Abschnitt machen" (Fasse M. 1999) Weiter sagte er, dass er nun alle Daten zusammen hätte um die Arbeit an seinem Buch zu beginnen. Johann Heinrich von Thünen analysierte seine Notizen und untersuchte diese. Er wollte die Zusammenhänge zwischen den Marktpreisen, den Produktionskosten, also Löhne und Zinsen, der Bodenrente und der Art der Bewirtschaftung des Bodens erklären können. Von Thünen kam schließlich zu dem Ergebnis, das die Lagerente nicht nur von Produktionskosten und Art der Bewirtschaftung abhängig sind, sondern so wie schon von von Thünen zuvor vermutet, auch von der Entfernung vom Markt. Die Lagerente, also „die Bodenrente abzüglich der Transportkosten zum Konsumenten" (Leser 2010, S. 473), kann also nur bei Berücksichtigung der Transportkosten maximiert werden. Das zeigt sich auch in der folgenden Grafik. (Brake K. 1986, S.9f)

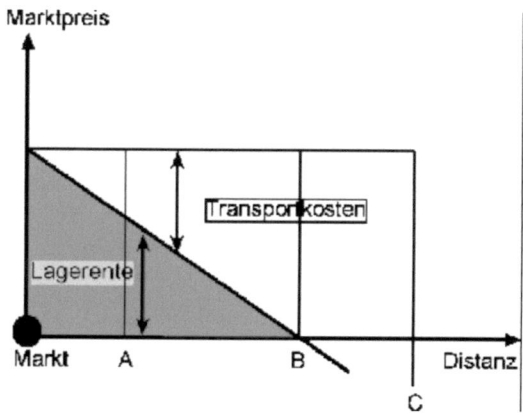

Abbildung 1: Berechnung der Lagerente (Schätzl 2001, S.65)

Abbildung 1 zeigt, wie sich Lagerente im Vergleich zu steigenden Transportkosten verändern. Als erstes wird vom Marktpreis Produktionskosten abgezogen, so dass erstmal nur die Lagerente zurückbleibt. Vom zentralen Marktort ausgehend nimmt die Lagerente nun stetig ab, weil die Transportkosten größer werden. Bei A wirft das Produkt die höchste Lagerente ab, dar die Transportkosten gering gehalten werden. Bei B wirft das Produkt nun bereits keine Lagerente mehr ab, dar die Lagerente ausreicht, um die Transportkosten zu decken. Am Standort C fährt der Landwirt nun schon Verluste ein, dar die Transportkosten größer sind wie die Lagerente, die vom verkaufen Produkt erzielt wird. Das Ganze lässt sich ebenso in einer Gleichung darstellen, die von Thünen damals selbst ableitete. (Ritter W. 1998, S.43)

Da, seinen Ergebnissen zufolge, die Lagerente nicht nur vom Marktpreis und den Produktionskosten abhängig ist, sondern auch von Transportkosten, muss diese Größe nun mit berücksichtigt werden. Das bedeutet, der Marktpreis ist jetzt um Produktionskosten und Transportkosten zu vermindern. In einer Gleichung ergibt das:

$$R = E(p - a) - Efk$$

R ist die Lagerente je Flächeneinheit, E die Produktionsmenge je Flächeneinheit, p der Marktpreis pro Produktionseinheit, a die Produktionskosten je Produkteinheit, f die Transportkosten pro Produkt- und Entfernungseinheit und k die Distanz zwischen Produktionsstandort und Markt. Da die Marktpreise und Produktionskosten, bzw. die Löhne und Zinsen, meist konstant sind, sind die Transportkosten die einzige Variable, die veränderbar ist. Also setzt von Thünen genau dort an. Wie können Landwirte möglichst viele Transportkosten einsparen? Wie müssen Bauern ihre Kulturarten anordnen bzw. Ihre Felder bewirtschaften um maximalen Gewinn zu erzielen? (Gebhardt H. et al 2008, S.470)

Johann Heinrich von Thünen war ein Förderer des Chausseebaus, also dem Bau der Straßen. Bereits er wusste, dass der Transport auf einer guten Straße nur ¼ von dem Transport auf einer schlechten Straße kostet. (Ritter W. 1998, S. 43)

4 Die thün`schen Ringe

Die thün`schen Ringe ist ein Modell, das die Theorie der Landnutzung räumlich darstellt. Wie bei Jahresringen von Bäumen bildet sich Ring um Ring um ein Zentrum, in diesem Fall um eine Stadt. Die Ringe unterscheiden sich lediglich in Art und in Intensität der Bewirtschaftung. Dar das Modell ein sehr einfaches ist, lassen sich auch leicht Parameter verändern. (Ritter W. 1998, S.42)

Von Thünen selbst beschrieb seine Theorie folgendermaßen: „Man denke sich eine Stadt in der Mitte einer fruchtbaren Ebene gelegen, die von keinem schiffbaren Flusse oder Kanal durchströmt wird. Die Ebene selbst bestehe aus einem durchaus gleichen Boden, der überall der Kultur fähig ist. In großer Entfernung von der Stadt endige sich die Ebene in eine unkultivierte Wildnis, wodurch dieser Staat von der übrigen Welt gänzlich getrennt wird." (Köppen D. 2000, S.181)

4.1 Anordnung der Ringe

Bereits im vorherigen Kapitel wurde deutlich, das die Lagerente von den Transportkosten abhängig ist. Vielmehr konnte man sehen, dass die Transportkosten mit zunehmender Entfernung zum zentralen Marktort zunahmen und somit die Lagerente geringer wurde. Man kann daraus also schließen, dass direkt um die Stadt herum am intensivsten gewirtschaftet werden muss. Von Thünen geht bei der Anordnung der Ringe danach, welche Kulturart denn die höchsten Transportkosten verursacht, unter anderem durch Gewicht und Zeitaufwand. (Gebhardt H. et al 2008, S.470)

Allerdings lässt sich die Intensitätstheorie durchaus ableiten. Demnach haben extensive Landwirtschaften mit zunehmender Entfernung zum Markt einen größeren Einfluss wie in direktem Umfeld der Stadt. Andererseits haben intensive Betriebszweige mit zunehmender Marktnähe größeren Erfolg. (Gebhardt H. et al 2008, S.470)

Die Intensitätstheorie beschreibt also, wie sich innerhalb einer Kulturart eine räumliche Sortierung entwickelt. Dabei bilden sich Zonen mit unterschiedlicher Anbauintensität, die Intensität der Bewirtschaftung nimmt dabei aber immer weiter ab, je weiter man sich vom zentralen Ort entfernt. Ein anderes Prinzip ist das Differentialprinzip, das sich ebenfalls aus von Thünens Theorie ableiten lässt. Das Differentialprinzip sagt aus, das sich aufgrund der Lagerente verschiedene Kulturarten differenzieren. So wird der zentrale Marktort direkt von Gemüseanbauflächen umgeben, bevor dann Kartoffelanbauflächen folgen und letztendlich mit der größten Entfernung der Roggenanbau das Schlusslicht bildet. Das bedeutet also wiederum, es bilden sich Kreise mit verschiedenen Anbauarten. Das alles berücksichtigte von Thünen und entwickelte ein Modell, besser bekannt als die Thün'schen Ringe. (Gebhardt H. et al 2008, S.470)

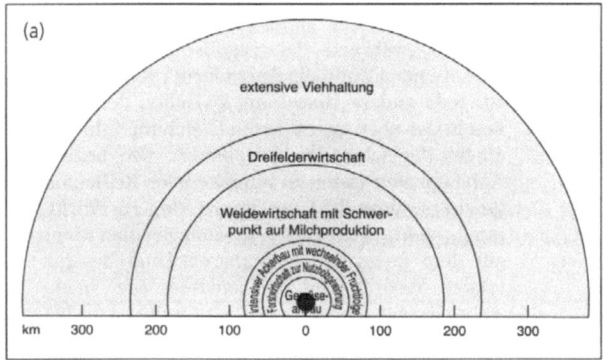

Abbildung 2: Die thün'schen Ringe, Grundmodell (Haggett 2004, S.480)

Die thün'schen Ringe sind folgendermaßen aufgebaut. Im Zentrum der Ringe liegt die zentrale Stadt, der einzige Marktort in der Umgebung. Diese Zone hat einen Anteil von unter 0,1% am Staatsgebiet. Sie bildet das Handelszentrum des Staates. Das Hauptprodukt, das von dort aus vermarktet wird, sind Industrieprodukte und in der näheren Umgebung der Stadt findet man noch Kohle- und Eisengewinnung. Der erste Kreis oder Ring um die Stadt bildet dann die freie Wirtschaft. Dort wird dann Gemüse von den Familien selbst angebaut oder aber leichtverderbliche Produkte, wie Trinkmilch, und transportkostenempfindliche Güter. Insgesamt nimmt dieser Ring circa 1% am

7

Staatsgebiet ein und befindet sich in einer ungefähren Entfernung von 0,1-0,6km der Stadt. Dort ist der Düngereinsatz vergleichsweise sehr hoch und es gibt keinerlei Brachperioden. Der zweite Ring bildet dann die Forstwirtschaft. Brennholz und Baumaterialien sind aufgrund von Gewicht und Bedeutung für eine Stadt nah anzuordnen. Die Forstwirtschaft nimmt ungefähr 3% des gesamten Staatsgebiets ein und befindet sich in einer Entfernung von 0,6-3,5km um die Stadt. An dritter Stelle folgt dann die sechsfeldrige Fruchtwechselwirtschaft. Auf allen Äcker werden Früchte angebaut, es findet dabei keine Brache statt (Bspw. Kartoffeln – Gerste – Klee – Roggen – Lupine - Roggen). Die sechsfeldrige Fruchtwechselwirtschaft nimmt 3% im Staatsgebiet ein und befindet sich in einem Umkreis von 3,5-4,6km um die Stadt. Dann, im vierten Kreis, wird siebenfeldrige Koppelwirtschaft betrieben. Dabei handelt es sich um einen Wechsel zwischen Acker- und Weideland. Hier wird extensiv angebaut. Die Koppelwirtschaft nimmt immerhin 30% in Anbaugebiet des Staates ein und wird in bis zu 34km Entfernung zur Stadt betrieben. Im fünften Ring folgt dann die traditionelle Dreifelderwirtschaft. Hier wird ein Feld immer abwechselnd brach gelegt, Roggen angebaut und als Weide gehandhabt. Die Dreifelderwirtschaft nimmt circa 25% des Staatgebietes ein und befindet sich in einem Umkreis von 34-44km um die Stadt. Diese Anordnung kann man in Abbildung 4 sehr gut nachvollziehen. (Haggett P. 2004, S.481.)

Zu von Thünens Zeit befanden sich aber auch die Landwirte in einem Umbruch. Da die Städte nun immer mehr zur Verpflegung benötigten, wollten die Bauern nun ihre Felder nicht mehr brach legen, also keine Zeit zum erholen lassen, dar sie sich erhofften, von einer intensiveren Bewirtschaftung mehr Gewinn zu erzielen. (Fasse M. 1999)

Wie man sieht hat das von Thünen nicht aufgegriffen. Im sechsten Ring befindet sich nun schließlich die extensive Viehhaltung, sowie Handelspflanzen und deren Veredelungen und Roggenanbau für Eigenbedarf (bspw. als Futtermittel). Das nimmt ganze 38% der gesamten vorhandenen Fläche ein und liegt bis zu 100km von der Stadt entdfernt. Im weiteren Umkreis wird dann noch kultivierte Wirtschaft betrieben. (Haggett P. 2004, S.481)

4.2 Veränderung des Grundmodells

Schon von Thünen selbst erkannte, dass jede größere Stadt an einem großen beschiffbaren Fluss liegt. Das hatte er jedoch in seinem Grundmodell nicht berücksichtigt. Deshalb veränderte er sein Modell dahingehend, das ein Fluss Transportkosten vermindern kann und so die Landwirte mit Schiffen ihre Produkte über weitere Strecken schneller und kostengünstiger transportieren können.

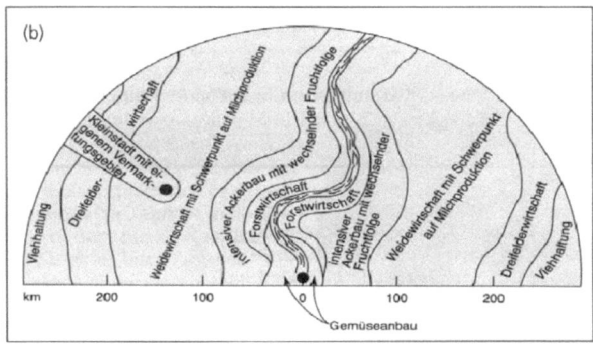

(b)

km   200   100   0   100   200

Gemüseanbau

Abbildung 3: Veränderung im Grundmodell (Haggett 2004, S.480)

Man erkennt in Abbildung 5 also, das von Thünens Ringe nun nicht mehr Ringe gleichen, sondern vielmehr einer linienartigen Anordnung vom zentralen Fluss aus. Die Reihenfolge der Ringe bleibt bestehen. Das Zentrum der Anordnung bildet jetzt nicht mehr die Stadt, sondern der beschiffbare Fluss, auf dem die Landwirte ihre Waren kostengünstiger und mit weniger Aufwand vom Feld zum Marktort bringen können. Die Zonen können sich aber auch durch Preisänderungen verschieben. Somit können sich die Zonen vermischen, haben also gleiche Merkmale. Das bedeutet, dass die Ringe keineswegs permanent sind, es bilden sich sogenannte Gebietsstreifen. Bei Preisänderungen stellen die Bauern ihre Produktion um. Das wiederum kann man zu erst an den Rändern erkennen. Es findet dort häufig ein geographischer Wandel statt. (Ritter W. 1998, S.45f)

4.3   Das Schnapsbrennerproblem

Baut ein Landwirt in Ring 6 Getreide an, macht er unweigerlich Verluste. Die Marktbelieferung ist beschränkt auf die Gewinnbringenden Ringe. Von Thünen erwähnte eine Möglichkeit, wie Landwirte trotzdem im 6 Ring Getreide oder andere Produkte anbauen könnten, ohne aber Verluste zu machen: die Veredelung agrarischer Produkte. Getreide zum Beispiel kann zu Schnaps weiterverarbeitet werden. Alkohol ist nicht so voluminös wie Getreide, daher sind die Transportkosten für Alkohol auch geringer als die für Getreide. Ähnlich verhält es sich mit Produkten wie Käse, Butter oder Trockenfrüchte. Auch Überschüsse können so weiterverarbeitet werden und haltbarer gemacht werden. Durch ihr geringeres Gewicht minimieren sich die Transportkosten und der Landwirt fährt wieder Gewinne ein. Wenn Produkte nicht die geeignete Lage haben, kann man die Flächen auch für Sonderkulturen und Sonderprodukte, wie Hopfen oder Wein, nutzen. Gerade die Ideen einzelner Personen fördern agrare Innovationen. Produkte können so solange verkauft werden, bis sie keinen Markt mehr finden. Somit können sich auch innerhalb von weiträumigen betrieblichen Spezialisierungen kleinere Formationen herausbilden. Beispiele für solche Formationen wären Bourbon- Whisky in Kentucky und

Tennesse oder Schottland Whisky. Gerade in Schottland war Getreideanbau lange ergiebiger als Schafzucht. Als jedoch Getreidegesetze aufgehoben wurden, wurde Getreide unverkäuflich. So bildeten sich Schottische Whisky Formationen um Inverness und auf der Insel Islay. Die Optimale Ressourcenkombination an Standorten spielt keine Rolle, so lange die Produkte qualitativ hochwertig und absetzbar sind. So kommt es zu einer zufälligen Standortanordnung innerhalb der Thünschen Ringe, denn nun war die Erzeugung von Produkten an beliebigen Standorten möglich. (Ritter W. 1998, S.48)

5 Die Theorie der Landnutzung heute

Die Zeiten haben sich geändert. Technische Fortschritte und moderne Verkehrsmittel, wie Eisenbahn, Lastkraftwagen oder Flugzeuge, haben unseren Alltag enorm erleichtert. Deutschland ist heute nicht mehr so agrarbezogen wie vor fast zwei Jahrhunderten. Wir können unsere Lebensmittel nun auch aus Ländern beziehen, in denen Produktionskosten um einiges geringer sind als hierzulande. Vor allem deshalb, weil auch die Transportkosten stark abgenommen haben und wir außerdem nun nicht mehr auf uns selbst gestellt sind. Tomaten aus Portugal, Kirschen aus Frankreich und Käse aus Italien. Für uns kein Problem mehr. Die vergleichsweise niedrigen Tansportkosten machen es möglich. Außerdem können wir heute aufgrund von Hightech, wie zum Beispiel Kühlung, Kapazität oder ähnliches, auch leichtverderbliche Lebensmittel wie Milch oder Obst aus dem Ausland oder weit entferntem Inland ohne Probleme beziehen. Die Weltbevölkerung wächst unaufhaltsam. Laut einer Studie soll schon 2025 die 8 Milliarden Grenze überschritten werden, aber schon jetzt werden über 90% aller Anbauflächen bewirtschaftet. Unbebaute Landreserven werden heute also genutzt. Der Getreideanbau endet nun nicht am Lagerente Nullpunkt, sondern an der klimatischen Grenze. Trotzdem spielen die Transportkosten gerade für ärmere Länder, also Entwicklungsländer, aufgrund der schlechten Infrastruktur, noch eine große Rolle. Dort findet man noch sehr viel Landwirtschaft, diese ist aber nicht dazu da andere Dörfer oder sogar Länder zu beliefern, sondern größtenteils um die Lebensmittel für sich und seine Familie zu sichern. Hier sind auch noch häufig Strukturen wie die Theorie von J.H.v.Thünen auffindbar. (Gebhardt H. et al 2008, S.470)

Ein Beispiel hierfür wäre Gambia.

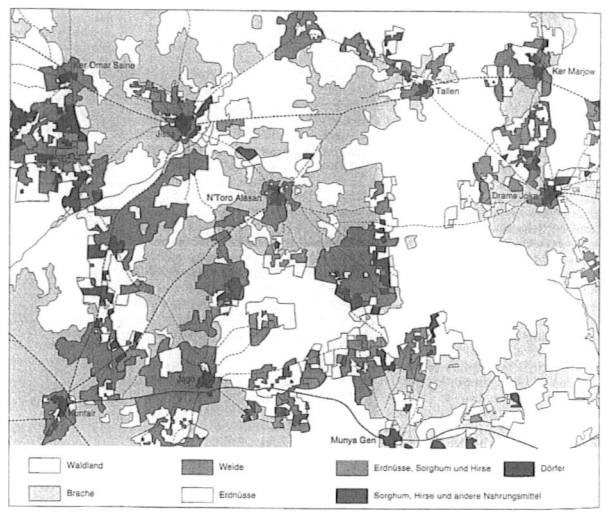

Abbildung 4: Die Theorie der Landnutzung in Gambia (Haggett 2004, S.487)

Man kann hier eine kreisförmige Anordnung von Anbauflächen ansatzweise erkennen. So bildet sich, wie man in Abbildung 4 unschwer erkennen kann, landwirtschaftliche Intensivgebiete in der Nähe der Dörfer. Das schließt wiederum auf die bereits erwähnte schlechte Infrastruktur der Entwicklungsländer und der Drang der Menschen nach Selbstversorgung. Außerdem gibt es heute noch vereinzelte landwirtschaftliche Intensivgebiete aufgrund der Marktnähe. Ein Beispiel stellt die sizilianische Stadt Canicatti dar (vgl. Abbildung 5).

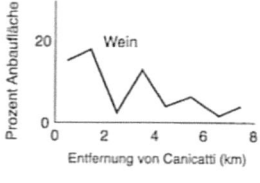

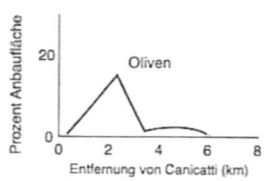

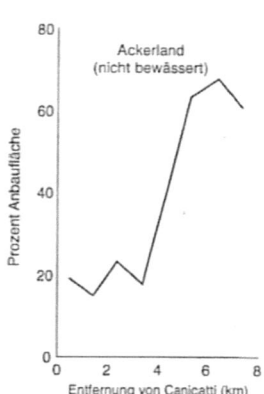

Abbildung 5: Landwirtschaftliches Intensivgebiet nahe Canicatti (Haggett. S.486)

11

In unmittelbarer Nähe der Stadt kann man eine intensivere Nutzung der Anbauflächen erkennen. So befindet sich fast 70% des gesamten unbewässerten Ackerlands in einem Umkreis von 6km um die Stadt herum. (Gebhardt H. et al 2008, S.470)

6 Kritik an von Thünens Theorie

Bereits zu Zeiten von Thünen gab es Kritik an seinen Modellen. Diese sollen hier näher betrachtet werden. Thünen geht bei seinem Modell von einer vollkommenen Ausrichtung auf den Markt aus, doch was, wenn Landwirte größtenteils Selbstversorger bleiben und nur einen geringen Teil ihres Bodens und ihrer Arbeitskraft für die Belieferung von Städten aufbringen? Für die Landwirte würde es dann auch nicht mehr von Bedeutung sein wie hoch ihre Lagerente ist. Sie bauen ihre Güter nunmehr nur für sich an, unzwar kreuz und quer. Die Anordnung nach Ringen hätte für Landwirte somit keinerlei Bedeutung mehr. Ein anderer Kritikpunkt ist von Thünens Annahme, alle Flächen wären homogen. Die Bodenqualität ist aber nirgendwo über große Flächen gleich. Relief-, substrat- und erosionsbedingte Unterschiede verbieten homogene Flächen. Die Landwirte würden also bei einer Selbstversorgung mehr an die Qualität des Bodens denken als an Transportkosten. Die maximale Lagerente wird so einfach gegen die Versorgungssicherheit getauscht. Alles in allem würden sich so keine Ringe bilden, man könnte nur durch Klimafaktoren bedingte Landschaftsgürtel erkennen können. (Ritter W. 1998, S.44f)

7 Fazit

Johann Heinrich von Thünens Theorie bildet ein Meilenstein in der Geschichte der Raumwirtschaftslehre. Zu seiner Zeit fand sie viel Zuspruch, aber auch Kritik. Wie bei vielen Theorien ist sie in Wirklichkeit nur begrenzt zu erkennen bzw. anzuwenden. Es geht aber vielmehr darum, ein wissenschaftliches System zu errichten, das es möglich macht Ereignisse vorauszusagen. Das hat von Thünen alle mal geschafft. Seine Theorie kann dem Landwirt auf einfache Weise aufzeigen, durch welche Art von Bewirtschaftung bzw. Intensität der Bewirtschaftung er die maximale Lagerente erzielen kann. Von Thünen war aber nicht nur aufgrund seiner ökonomischen Errungenschaften vom Volk angesehen, sonder eben auch wegen seiner sozialen Ader. Auch wenn die Theorie der Landnutzung heute nicht mehr anwendbar ist, so ist Johann Heinrich von Thünen doch auch heute noch ein bedeutender Name. Er ist mit niemanden vor und nach ihm zu vergleichen, ein Meister seines Faches. Und das wird er aufgrund der Theorien, die er entwickelt hat, wohl auch immer bleiben. (Brake K. 1998, S.9f)

Literaturverzeichnis

Brake K. [Hrsg.] (1986): Johann Heinrich von Thünen und die Entwicklung der Raumstruktur- Theorie. 1. Auflage. Oldenburg.

Fasse M. (1999): Standort Scholle- Johann Heinrich von Thünen: „Der isolierte Staat". http://www.zeit.de/1999/24/199924.thuenen_.xml (22.11.2010)

Gebhardt H., et al [Hrsg.] (2008): Humangeographie. 4. Auflage. Heidelberg.

Haggett P. (2004): Geographie- eine globale Synthese. 3. Auflage. Stuttgart.

Leser H. [Hrsg.] (2010): Wörterbuch Allgemeine Geographie. 14. Auflage. München.

Lösch A. (1940): Die räumliche Ordnung der Wirtschaft. Jena, Stuttgart

Köppen D. (2000): Aktuelle agrarökologische Aspekte in der Lehre Thünens. In: Agrargeschichte und Agrarsoziologie, 48 (2): S.181-188.

Mohr H.-J. (1999): Das soziale Engagement Thünens im Spiegel der Zeit. In: Agrargeschichte und Agrarsoziologie, 47 (2): S.161-174.

Ritter W. (1998): Allgemeine Wirtschaftsgeographie. 3. Auflage. München.

Schätzl L. (2001): Wirtschaftsgeographie 1 – Theorie. Paderborn, München, Wien, Zürich.

Voppel G. (1999): Wirtschaftsgeographie- Räumliche Ordnung der Weltwirtschaft unter marktwirtschaftlichen Bedingungen. Stuttgart.